発刊にあたって

　私達が住む国土は、変化に富む地形や植生、そして気候に恵まれ、白砂青松、山紫水明といわれる美しい風景を持っている。

　一方で都市や田園を見ると、風景の人工化・画一化が進み、美しさへの配慮に欠けた無個性で雑然とした景観が多くなっている。特に、この景観を乱している主な要因が、社会資本財である公共的な施設や構造物であることが多い。これらの施設や構造物の多くは、わが国の近代化や高度成長の流れの中で、経済性や効率性・機能性を優先して、個々の施設等が立地する地区や地域の将来の景観や風景の有り様を十分に考慮して作られてこなかった。

　今後の社会資本施設等の整備にあたっては、その施設そのものが本当に必要かどうかの検討とともに、その施設等の立地する都市や田園の持つ個性や場所性に十分に配慮するとともに、作られたものがダメであればまた作り直せば良いという考えではなく、そこに50年100年存在するという考えで検討されることが大切である。そして、作られた施設等も立地する地域も相乗効果により、より魅力的になることが望まれる。

　本書は、上記のことを前提として、著者の長くニュータウン開発に係わってきた経験と技術の蓄積を基に書き下ろした、社会資本資産としてのランドスケープ空間の計画・設計の手引書である。

　本書が、ランドスケープ空間の計画・設計に係わる技術者やこれを学ぶ学生達に活用され、それぞれの地域の自然や風景を基調として、その立地の個性や多様性を大切にしたランドスケープ空間が再生・創出されることにより、そこに住む人々が来訪者に自慢できる魅力的な都市や田園が再生されることを望むものである。

平成26年1月

一般財団法人日本緑化センター

会　長　篠　田　和　久

はじめに

都市におけるランドスケープ計画

都市は、建築や土木物である人工構造物の空間と、こうした空間以外の公園、緑地、河川、道路等のオープンスペースにより構成されている。都市を人々の快適な営み空間にするために、建築・土木空間とオープンスペースとを、織物の縦糸と横糸のように、的確に織りなすことが必要である。本書は、日本の都市計画におけるランドスケープ計画の計画・設計について、緑・水・道の空間から分析し、構成するものである。

和のランドスケープの概念

ランドスケープ計画は、建築・土木計画よりも、その地域の気候・風土の特性が色濃く反映される。日本の各地域の気候・風土・歴史を背景として、建築・土木空間とオープンスペースとが調和的に計画されて、始めて都市や地域の良好な景観が生み出される。

日本の自然の美しさや四季変化の豊かさは、国土の緯度、気温・降雨量等の気候条件及び地形構造に起因している。日本が温帯地帯に属し、国土の7割が山地という地形構造、さらに、欧米先進国に比して2倍以上も降雨量のあることが"緑濃く、水豊かな国"の源となっている。

日本は世界に稀な森林大国である"山の国"である。日本の都市景観の背景には山の景観が欠かせない。山の景観は日本人の心情に大きく影響してきた。かつて、大和朝廷が成立し、日本で始めて都市形態が発祥した大和地域を、倭 健 命 は、「倭は国のまほろば　たたなづく山青垣　山隠れる　倭しうるわし」と詠んでいる。また、降雨の多さと山から海までの急峻な地形は、私たちの国土に多様な水系の変化をもたらしている。松尾芭蕉の「五月雨を集めてはやし最上川」の句は、河川の持つ自然変化の象徴性を的確に表現している。

日本のランドスケープは、欧米のランドスケープとは大きく異なる。私たちは、都市が立地している、こうした日本の気候・風土要因を十分に理解した上で、ランドスケープデザイン行う必要がある。この日本の気候・風土や地域特を生かした上で、地域の特色を表現することが、本書"和のランドスケープ・プランニング"の概念である。

緑・水・道空間の都市機能

緑・水・道空間は、都市に美しい都市景観を演出する。緑や水景観を楽しむために、快適な歩行者空間が都市には必要である。こうした空間は、ただ都市をきれいに創造するということだけではなく、都市に自然や季節の変化を織り込む。古来より、美術品や優れた造形物の表現は、自然を造形モチーフとしてきた。身近な生活の場に、四季の変化や雨の情景を感じることができる空間が存在することは、人々の情感を豊かにする。このことが、緑・水・道空間が果たす、都市の情感機能である。また、緑・水・道空間は、震災等の非常時には都市防災機能を果たす。過去の震災等での火災発生時には、広幅員道路や街路樹が焼け止まりの機能を果たし、公園や河川敷が一次避難地の役割を果たした。また、河川や水路の水が、初期消火の水として利用され、便所・洗濯等の中水利用も行われた。緑・水・道空間の計画・設計には、こうした都市防災機能を考慮したランドスケープ計画も必要とされている。

日本の美しい都市景観のために

日本の都市に、地域の気候・風土・歴史を生かした美しい街なみを創造するためには、ランドスケープを専門とする造園職だけではなく、都市計画・建築・土木の専門職が、和のランドスケープ計画の特性を理解することが必要である。緑・水・道空間は、建築・土木空間と一体的に計画されることが必要である。また、緑・水・道の各空間が、互いに連携して計画されることで、空間の相乗効果を発揮し、日本の美しい都市景観を創造する。

本書が、ランドスケープを専門とする造園職の業務に資するだけではなく、都市計画・建築・土木職にとっても、ランドスケープの計画・設計のテキストとして読まれることを期待するものである。

増田元邦

目　次

I 　総論編

シモクレン

1. 和のランドスケープ・プランニングの背景

わが国の気候・地形は、世界の主要先進国に比して大きな特徴を持っている。ランドスケープの計画立案の観点からとらえる気候・地形の特色には、①国土が温帯モンスーン地帯に属している、②年間の降雨量が多い、③国土の約7割が森林である、という特徴が挙げられる。

この温暖な気候で年間降雨量の多いことが、私達の国土に豊かな植物相を生み出し、豊かな水系を創り出している。しかし、国土がほとんど森林で覆われている山岳地形であるため、水系は豊富であるが、急峻な河川形態となっている。この「温暖で、雨が多い山の国」であることが、豊かな水と濃い緑、さらに多様な自然の風土を生みだしている。

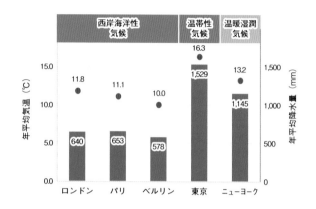

図-1　世界主要先進国の年間平均気温と平均降水量
1981年から2010年までの平均値（平成25年理科年表）

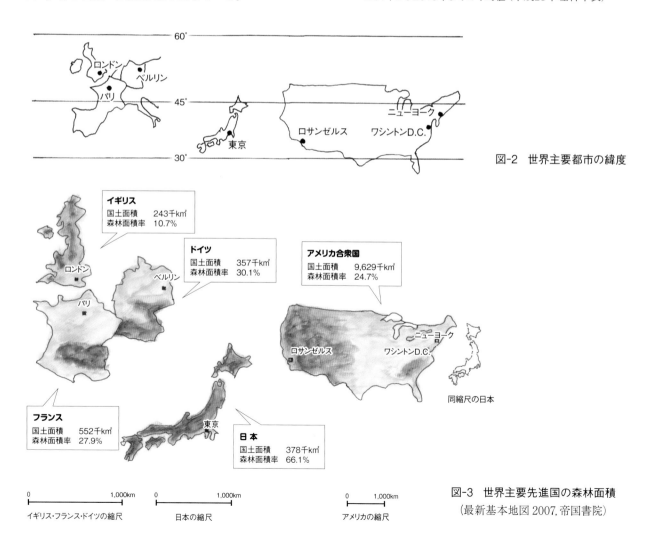

図-2　世界主要都市の緯度

イギリス
国土面積　243千km²
森林面積率　10.7%

ドイツ
国土面積　357千km²
森林面積率　30.1%

アメリカ合衆国
国土面積　9,629千km²
森林面積率　24.7%

フランス
国土面積　552千km²
森林面積率　27.9%

日本
国土面積　378千km²
森林面積率　66.1%

同縮尺の日本

0　　　1,000km
イギリス・フランス・ドイツの縮尺

0　　　1,000km
日本の縮尺

0　　　1,000km
アメリカの縮尺

図-3　世界主要先進国の森林面積
（最新基本地図 2007, 帝国書院）

2. 山と都市の景観関係

　日本の借景庭園や都市においては、日本人は、中景域や遠景域の山を景観の主観としておいてきた。日本人は、山によって都市や人々の生活が守られていると感じ、山が景観として人の視点を受けとめるだけではなく、人の情感をも受けとめる対象物としてとらえられてきた。

　古都・京都の「山と都市のランドスケープフレーム」は、東山・北山・西山の三山の山なみが京都盆地を取り囲み、市中には、緑の島のような独立した丘陵である、双ヶ丘・船岡山・吉田山の三山が存立している。京都は、このように、街路に立てば山が望める街である。

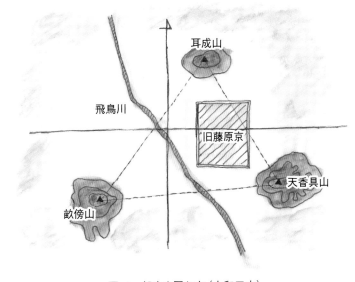

図-4　都市を囲む山（大和三山）
旧藤原京は、大和三山である畝傍山・耳成山・天香具山の三山鎮むる位置に整備された。

写真-1　山を頂く街

写真-2　日田の三山（月隈）

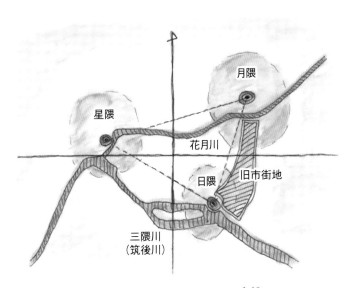

図-5　都市に内包されている山（日田の三隈と三隈川）
大分県日田盆地には、日・月・星の隈（丘陵）がある。日田の「三隈と三隈川伝承」については、豊後風土記に記述がある。各隈名が各地区の公共施設名にもなっている。

3. 地域の水系を基軸としたランドスケープ計画

国土の中央が山岳地形であるために、日本の都市は、その多くが海に面した沖積平野に発展してきた。この山と海を繋ぐ空間が河川である。河川は、源流の山間部から下流の海まで、都市を横断している唯一の連続空間である。広域なランドスケープ計画は、この水系を基軸としてオープンスペースネットワークを立案することが妥当である。

日本のランドスケープ計画において、水系をランドスケープ計画の基軸とする理由は、次の4点となる。

①河川は山から都市を横断して海までを繋ぐ連続空間であるため、生物の生息環境等の都市の環境共生を考える上で重要となる

②河川の利水・水運機能は、近代都市整備以前において不可欠であったため、河川沿岸には都市形成の歴史・伝統・文化の痕跡が残されている

③河川は、流域の降雨状況の表情を象徴的に示す

④災害時の上下水道が寸断された時に、河川の水は初期消火やトイレ等の中水として利用できる

写真-3　山を源とする河川

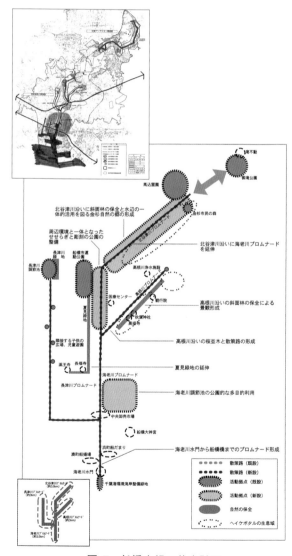

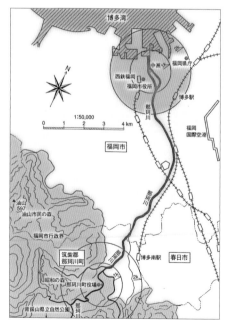

図-6　河川空間の連続性模式図（福岡県・那珂川）
（増田作図）

図-7　船橋市緑の基本計画

上：緑と水のネットワーク図、下：南部海老川環境軸

4. 生物相の保全・復元計画（環境共生都市）

日本には豊かな四季があり、南北 3,000km の長い国土と海岸線総延長は約 35,000km に及ぶことから、生物多様性に富んだ国である。都市や街なかの身近な空間に、生物とふれあう機会を多く整えることは、人間の感性を豊かにすることに繋がる。特に、子どもたちの情操教育においては、生物とふれあう機会を多くすることは重要である。このためには、生物が都市の中へ入り込める、移動経路でつながった連続空間のしかけが必要である。また、こうした空間においては、生物の移動を妨げないような施設整備が必要である。

地域や都市を水や緑でのネットワークを構成することは、環境共生都市形成の重要な要因である。

写真-4 鳥類とのふれあい

写真-5 ダムに併設された魚道

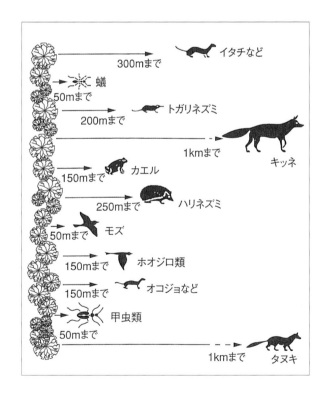

図-8 農地における生垣、ブッシュからの中小動物の生活圏
（かくれ家からの行動圏）（Wildrmuth,1980より引用）

写真-6 多孔質空間である間伐材のストックヤード

5. 都市整備における地域自然との融合

　日本の都市の市街地形成は、近世における城下町整備に端を発する都市が多い。こうした城下町は、その多くが1600年代前後の秀吉・家康の時代に都市整備されている。領地を拝領した戦国大名は、城下町を都市防衛や都市の商業・工業の振興のための都市機能だけではなく、ランドスケープの視点からの都市美を考慮した都市建設を行った。ヨーロッパの都市のように、自然と対峙し、自然と分断した空間を創り上げるという都市形態と異なり、日本の城下町は、周辺の山や海・河川の自然地形を巧みに取り入れ、自然と融合した都市を創り上げてきた。

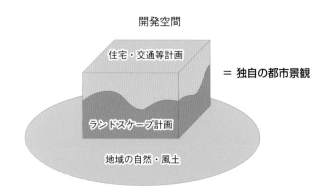

図-9　都市整備における地域自然との融合概念図

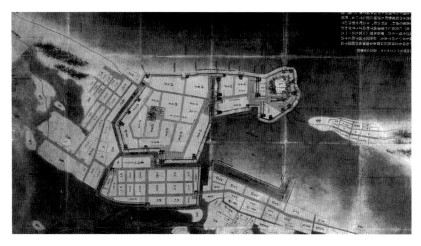

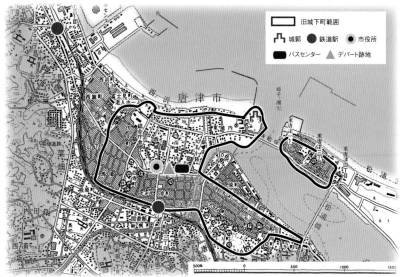

図-10　城下町・唐津市の変遷

上：近世図（城下町絵図）肥前国(ひぜんのくに)唐津城廻(まわり)絵図（太陽コレクション　熊本・九州の城下町　別冊太陽より引用）

下：現代図　1：25,000（唐津・国土地理院，平成14年12月1日発行を使用して作成）

6. 都市におけるオープンスペース － 緑・水・道空間

都市における緑・水・道空間の構造は、時代の変遷においての技術発達や自動車対応の道路形態によって、その空間構造は変化してきた。緑空間は、近世の都市においては、周辺の山の緑を景観として取り込むことで、都市の緑を充足し、明治以降は西欧の公園概念が都市施設の位置を占め、高度経済成長時の都市膨張期では、周辺の丘陵地の自然を都市開発の中でどう内含するかが計画されてきた。中世期では、都市立地においては河川自体が上下水道機能として、欠くことができない要因であったが、明治以降の上下水道整備により、河川は治水機能としての整備とともに修景機能としての整備が進められた。道路は、自動車がない時代は、道路自体が歩行者空間であったが、車道の整備により、歩行者空間自体が独自に整備されるようになった。

今後の日本は、人口減少により都市の膨張期が終焉し、既存都市の都市改造のなかで、新たなる生活機能に対応した、緑・水、歩行者空間のあり方が模索されている時期にある。

図-12　飛騨高山の緑・水・道空間

近世に整備された歴史的都市の中心市街地は、人に対応した細街路で構成されていたために、現在においては、結果的には、街なかが快適な歩行者空間となっている。

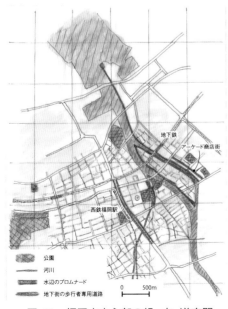

図-11　福岡市中心部の緑・水・道空間

現代に整備された大都市は、自動車対応の街路構成がなされた。歩行者専用道路としては、商店街にはアーケード、河川沿いにはプロムナードが、そして、地下街に歩行者空間が整備された。

図-13　横浜・港北ニュータウンの緑・水・道空間

計画的な新市街地であるニュータウンでは、都市計画において歩行者専用道路のネットワークが組み込まれている。港北ニュータウンでは、道路系と緑道系の2系統の歩行者空間がネットワークされている。

7. 丘陵地開発における自然環境保全計画

1970年代の日本の高度経済成長に伴った、都市への人口集中により、都市の後背地である丘陵地への開発がはじまった。特に首都圏おいては、多摩ニュータウンに代表されるような大規模ニュータウンの整備が行われ、東京近郊のいくつかの丘陵地は、都市開発のために大造成された。こうした造成事業のなかでも、地域の自然を保存・復元するために、自然環境保全方策の検討・模索がなされた。こうした自然環境保全のための方策検討手順は、①自然環境調査、②自然環境の保全復元計画、③環境土工となる。

自然環境調査

自然環境保全のための主要な調査は以下の項目である。

- 植生調査 — 土地利用計画、造成計画策定において、現況植生の保全と利用のために、地域の植生を調べる(特に大木・貴重木を確認する)
- 表土調査 — 造成後に地域の植生復元のために、良好な表土をストックしておくために、土壌図等の資料を参考として土壌のサンプリング調査を行い、表土分布範囲と堆積厚を調べる
- 水系・水脈等調査 — 開発地区及び地域の水系・水脈・谷密度等を調査し、地域の水循環環境と造成工事による河川等への影響を調べる

- 動物生態調査 — 地域に生息する注目すべき種については、その生態と地形・植生・水系等の自然条件との関連を調べる

自然環境の保全復元計画

開発行為で地形改変する中で、「保全される自然空間」、「復元される自然空間」、「都市的な半自然空間(河川・公園・緑地や道路の街路樹空間等)」を土地利用計画と連動した空間として捉え、こうした空間を連続的に繋げるような「自然環境の保全復元計画」を策定する。

環境土工

開発行為において、自然環境の保全・復元計画に策定された項目については、切土・盛土工事の中にこれらの工種を盛り込み実施する。「大木・貴重木の移植」「表土の保全」「水環境の保全」が主要な項目である。なお、「水環境の保全」項目については、湧水保全、造成による保水層分断への処置、盛土工事の圧密促進のためのドレーン管設置を新たな地下水脈としての利用検討等が挙げられる。

なお、都市計画法第33条9には、「開発区域における植物の生育の確保上必要な樹木の保存、表土の保全その他の必要な措置が講ぜられるように設計が定められていること」と定められている。

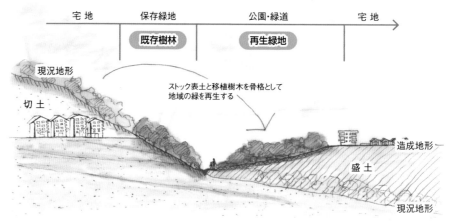

図-14 環境土工の概念図

8. 環境土工

表土保全計画

　厚さ1mmの土ができるのには数千年の歳月が必要とされる。自然林の表土には、その地域の植生の長い歴史がストックされている。

　開発地区の表土堆積分布と堆積厚の調査で地区の表土ボリュームを把握した上で、造成後に、公園緑地や道路の街路樹帯等に利用される表土量を算出して、切土・盛土工事の前に、表土はぎ工事を実施する。なお、対象地区において、表土の堆積層が薄く、必要土量が得られない場合は、A_0層だけではなく、A層までの利用を考慮することも必要である。

　表土保全工事を実際に進めるには、表土のストックヤードの確保が必要となり、このことを造成工事展開計画に織り込んでおく必要がある。

大木・貴重木の移植

　樹木の移植工法には、日本の伝統的技術として、「根回し工法」がある。「根回し工法」は、造成工事着手の最低1年前からの措置が必要である。

　「重機移植工法」は、重機が動かせる地形的制約と、移植樹木数量とのコストバランスで採用が判断される。

　また、造成工事で伐採されるいわゆる雑木利用としては、「根株移植工法」が挙げられる。根株移植工法は、土工事で使用する重機・運搬車で処理されるために、きわめて安易な工法であるが、活着率の不確実さや移植後の剪定等の生育管理が必要となる。

　樹木移植の工事時期には、移植先の公園緑地予定地の造成基盤が完了していることが必要なために、造成工事の工事展開計画における、詳細工程の検討が必要となる。

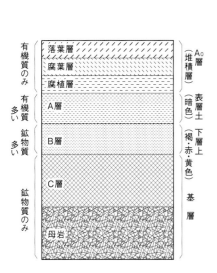

図-15　土壌の断面

写真-7　重機移植工法

写真-8　根株移植工法
移植1年後に旺盛に萌芽したエゴノキ。

①移植の1年前に、樹木が倒れない程度に
3〜4方向の力根を残して掘り下げる

②力根と残した根について、根の基部と先端
部の養分流通を断つために樹皮を環状剥
皮した上で、埋め戻す

③1年後には、根鉢側の環状剥皮した部分か
ら、新しい細根が発根する

④根鉢に縄で根巻きをして、移植先に運搬する

写真-9　根回し工法（環状剥皮）

丘陵地開発における事前自然環境調査をふまえた、土地利用計画にもとづ
く、造成計画と環境土工計画を整合させるフローを以下に示す。

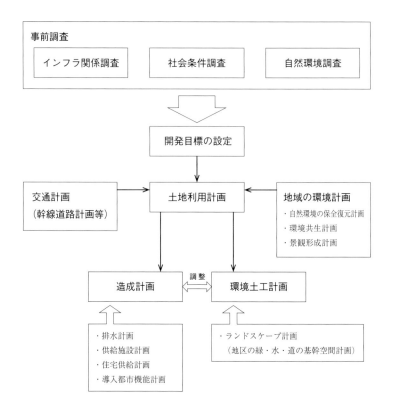

図-16　丘陵地開発における造成計画と環境土工計画の整合性フロー

Ⅱ　計画編

ホオノキ

1. 緑のネットワーク計画

緑のネットワークをつくる

　都市の緑のネットワーク計画を立案するためには、公園緑地等の都市施設を基軸として、学校等の公共施設内緑地や、集合住宅地内等のまとまった緑地を組み合わせて、都市に緑のネットワークを構築していく必要がある。

　緑のネットワーク計画の具体的な政策として、都市緑地法にもとづいて 2004 年に各都市での「緑の基本計画」の策定が求められるようになった。しかし、既成市街地では、大規模な都市改造がない限り、緑の連続空間を構築することは困難である。このためには、河川等の水系や、道路の街路樹等の線的なオープンスペースを基軸として、これに公園・緑地の核的施設を結びつけていくこととなる。また、民有地内の緑地は、その担保性を確保するために、地区計画や公開空地制度等の都市計画や建築制度との連携が必要である。

横浜・港北ニュータウンのグリーンマトリックスシステム

　横浜・港北ニュータウンでは、公園・運動公園、集合住宅や施設用地内の保存緑地・緑地などのオープンスペースと、校庭や神社仏閣などを、緑道・歩行者専用道路で結んだ"グリーンマトリックスシステム"という都市計画理論で整備された。この手法は豊かな自然に恵まれたコミュニティとレクリエーション活動の場を体系化することにより、敷地の有効利用、貴重な緑の保存・活用、都市防災などに役立てている。総合公園、地区公園、近隣公園の基幹公園は緑道で結ばれ、ニュータウン内に巨大なグリーンネットワーク（緑環）を形成し、これが港北ニュータウンの都市の骨格を形成している。

港北ニュータウンの保存緑地制度：UR 施工による港北ニュータウンは、緑を都市の基軸とした独特の都市計画理論で整備されている。総合公園・地区公園・近隣公園等の核となる緑を緑道で結び、この緑軸に学校・集合住宅・企業の事業所・研究所用地等の大規模敷地（スーパーブロック）を立地させている。こうしたスーパーブロック内にまとまった民有地内緑地（保存緑地）を確保し、この保存緑地が緑道に付加されることで、大きなオープンスペースの広がりが演出されている。この港北独自の保存緑地制度が、ニュータウンの土地区画整理事業で生み出される公園・緑地面積の限界性を大きくカバーしている。

図-1　港北ニュータウンのグリーンマトリックス

写真-1　港北ニュータウンのグリーンマトリックス

緑の基軸となる地区公園と、隣接する集合住宅の保存緑地が一体的に整備されている事例。港北ニュータウン全域において、公園・緑地の公的緑と民有地の保存緑地とを有機的に組み合わせている。（空撮写真提供：リブアソシエーツ）

2. 都市における公園・緑地

都市における公園・緑地の役割

　都市における公園・緑地は、都市内の緑の確保、屋外レクリエーションの場という目的だけではなく、人工物で成立している都市空間においては、緑による景観演出の役割がある。公園・緑地周辺の建築・道路空間と緑空間とを融合させた、緑の街なみ景観の演出をする必要がある。このために、公園の境界部ゾーンを必要以上に柵で囲ったり、生垣等により周辺環境から公園を遮断することは、公園が都市の中で閉鎖的な空間となってしまう。

　また、公園・緑地は、地区の防災施設としても重要である。このために、非常時用の複数の水栓、仮設トイレ設置に要する汚水枡設備への考慮、また、非常用かまどに転用可能な施設設置を考慮しておくことが重要である。

写真-2　防災施設としての公園1
阪神大震災では、水道やトイレがある身近な街区公園が、防災施設として機能した。

写真-3　防災施設としての公園2
近隣公園レベル以上の広い公園では、一次避難地としての役割を発揮した。

写真-4　都市に融合する公園
公園の外周を必要以上に柵や緑で囲うことなく、公園の緑と周辺の空間とが景観的に融合することが望ましい。

写真-5　道路の歩行者空間と一体化した公園
公園に隣接する道路の歩行者空間と公園の境界部分とが一体的に計画されると、都市の緑量確保と快適な歩行者空間の向上という、緑と道空間による相乗効果が期待できる。

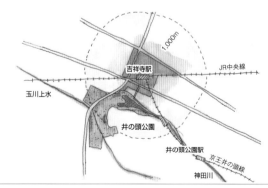

武蔵野市のターミナル駅に隣接する井の公園は、公園が市街地にくさびを打ち込むように立地している。駅からの下り坂の先に水面があり、池が地区の水系拠点ともなっている。人が集中するターミナル駅や、デパート等が立ち並ぶ高度商業地に、公園が近接していることは防災上も有効である。

図-2　ターミナル駅に隣接する地区公園

3. 緑の成長限界・大きさ

樹木と建築のボリュームバランス

超高層ビルのように、建築物は、技術力において人の望む高さを確保できる。しかし、樹木の大きさと高さにおいては、生物としての成長限界がある。建築物と緑空間とのバランスを考える時には、この樹木の成長限界をよく考慮した上で、空間計画をする必要がある。

写真-6　建物と樹木のスケール関係
関東では大木として成長するケヤキも、単木では5階建ての建築ボリュームに対応するのが限界である。

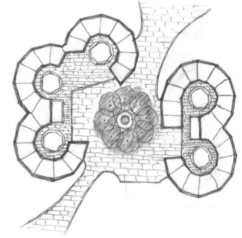

図-3　建築物と緑空間とのバランス
上：建物の高さと樹木の大きさとの関係
下：樹林帯と建物部とのボリュームバランス

写真-7　建築空間と緑空間のバランス関係
高層建築に調和させる緑空間は、大木となる樹木を群として配置する空間を確保することが必要である。

写真-8　建築空間と緑空間のバランス関係
建築と緑と広場等の空間バランスは、平面だけではなく、横幅と縦幅とのバランスでの立体的な検討が必要である。

4. 緑の成長限界・法面勾配

造成法面の復元緑化計画

　丘陵地に宅地開発のための造成工事を行うと、平坦な宅地盤を得るためには、必ず切土・盛土による法面が発生する。宅地の高低差処理には、コンクリート擁壁等の処理ではなく、都市景観上からは斜面緑地にすることが望ましい。しかし、斜面で樹木が生育するためには、斜面角度に限界性がある。樹木を安定的に成長させるための、安定勾配の斜面角度を考慮した造成計画が必要となる。造成計画においては、丘陵地に平坦な宅地を得る面積と、法面を斜面緑地とする面積との造成バランスの検討が必要となってくる。2割勾配以上の法面を斜面緑化するには、法面に客土や樹木を滑落させないための人工的な措置が必要となる。このためには、法面安定対策工事費を、植栽工事金額以外に計上しておく必要がある。

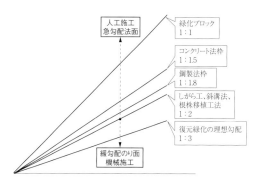

図-4　法面安定工法の施工限界勾配

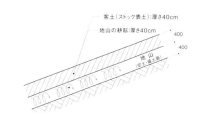

図-5　3割勾配法面の植栽基盤工事の設計例

写真-9　早期の復元緑化が望まれる造成法面
丘陵地の造成工事で発生した長大法面には、早期の復元緑化が望まれる。

写真-11　急勾配法面の緑化工法事例（斜構法）
斜構法が採用された2割勾配法面。URにより、多摩ニュータウンの現場で考案された。

写真-10　緑で復元された造成法面
造成法面に、保全されていた表土をオーバーレイして、造成工事時に移植樹木と購入樹木とで、植生復元された3割勾配法面。

写真-12　急勾配法面の緑化工法事例（鋼製法枠工法）
急勾配の造成法面では、客土そのものが滑落してしまうため、鋼製法枠等で安定処理をした上で、客土や植栽工事を行うことが必要となる。

1. 水空間の景観構造

日本の水系空間

　水は生命の源であり、物質循環の基軸である。日本は、世界の先進国の中でも稀な多雨国であるために、日本の風土・文化は降雨とその結果生じる水系の情景を抜きには語れない。また、日本には、季節の変わり目には必ず雨期が存在し、こうした自然・気候条件が、日本人のデリケートな四季の感覚や晴雨の感覚を育ててきた。

　"雨の国"である日本は、雨も水も私達の貴重な景観資源として捉え、文字どおりの「うるおいのある街づくり」を進めるべきである。

写真-14　水辺の演出
街中の水路も、水辺に植物等を配置することで、より水辺景観が演出される。

写真-13　下水道施設と化した河川
ただの治水目的だけで整備された河川は、人々の目から見離されてしまう。

写真-15　水・緑・道空間の構成による景観演出
緑・水・道空間がバランスよく構成された空間が、良好な景観と快適な歩行者空間を創造する。

写真-16　情感豊かな都市の水系景観
河川に橋や樹木、建物物が組み合わされることで、その都市独自の情感豊かな水系景観が演出される。

水系空間の景観構造

　街なかの水路から河川までの水空間は、水系単独
では、都市景観演出というレベルまでは発展しない。

　水空間と建築空間及び緑空間や道空間との組み合
わせにより、情感豊かな水系景観が演出される。

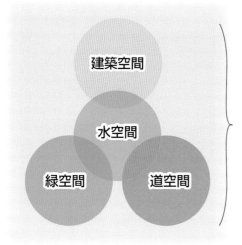

図-6　都市の水系景観

写真-18　水空間と建築空間の組み合わせ

優れた建築の造形は、水辺にその姿が映し出されることで、よ
りその美しさを増し、水景観が幻想的になる。

写真-19　水空間と緑空間の組み合わせ

いわゆるカミソリ護岸の河川でも、緑が配置されることで景観
に変化を与え、樹木に鳥や昆虫が飛来し、緑と水の生態的な
サイクルが始まる。

写真-17　水系景観

河川と建築・緑・橋梁とが一体となって演出される水系景観。

写真-20　水空間と道空間の組み合わせ

水路が付帯されている道路には、人と水とのふれあいがあり、
オープンスペースとしての空間的な広がりを感じさせる。また、
災害時には、防災避難路として有効である。

2. 河川の修景・親水計画

河川の修景や親水を考える

　日本はアジアモンスーン地帯に位置し、先進国のなかでも珍しい多雨国である。河川の修景・親水計画、調整・調節池の公園利用、あるいはせせらぎ計画の立案に共通して言える課題は、日本は年間を通じての降水量が平均していないことである。梅雨どきの豊水期と、冬場の渇水期との降水量格差が大きい。よって、治水施設の水位の季節変動が大きくなる（図-7）。このことが、治水施設の親水計画にとって最大の課題である。

　河川における修景・親水計画のポイントは、①水辺の並木の整備、②親水拠点の整備、③水辺のプロムナード整備のあり方が主要な事項である。緑豊かな水空間を整備するために、護岸上に並木を植えるが、河川空間には伝統的にヤナギやサクラを植栽する事例が多い。親水部は、人と川が直接にふれあう部分であるが、河川は季節の水位の落差が大きいために、親水部は拠点的とならざるを得なく、河床にまで辿りつくために階段状の施設整備が必要となる。また、川床に水辺のプロムナードを整備する際は、水辺の安全性に考慮する必要がある。

図-7　東京の月間降水量の変化 1981〜2010年の平均値
（理科年表 平成25年版）

写真-21　水辺のヤナギ並木

写真-22　親水拠点の事例1

写真-23　親水拠点の事例2

写真-24　河床のプロムナード事例1

写真-25　河床のプロムナード事例2

3. 調整・調節池の公園利用計画

調整・調節池の公園利用

　市街地に調整・調節池を整備すると、その整備面積が比較的広いために、下水・河川用地と公園用地を兼ねて土地利用される事例が多い。調整・調節池の公園利用のためのゾーニングは、洪水時にも浸水しない公園ゾーンと、洪水時には浸水する親水ゾーンとに区分される。

　調整・調節池の公園利用計画のポイントは、池を回遊して散策するような「現代の回遊式庭園」形式の構造が理想的と考えられる。調整・調節池は、洪水時に一時的に雨水を溜めて洪水調整するという治水施設であるために、平常時には、水面は利用者から深く遠くなる。また、洪水時には瞬間的に水位が上昇するという施設である調整・調節池の親水ゾーンの設定には、増水時の安全処理が最も重要となる。

　このために、親水ゾーンは限定的とし、増水時の危険性表示看板や警報装置の設置は欠かせない。

写真-26　調整池の公園利用の事例
水辺の園路は、冠水後の清掃を考慮して、コンクリート系の舗装処理となっている。

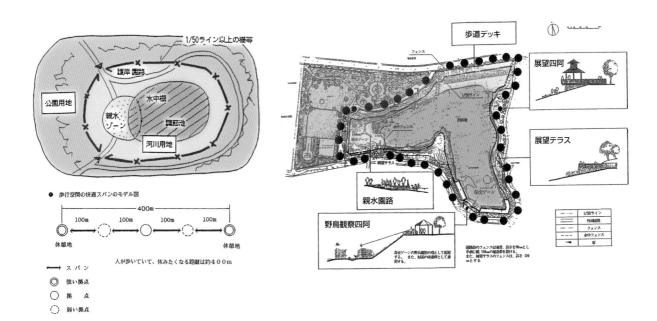

　洪水時には冠水する1/50 ライン上には、利用者が視覚的に洪水時の水位位置を理解できるように柵等を設置する。この1/50ラインの外周に、調整池の周囲を取り囲むように散策路を整備し、この散策路沿いに周辺の"水と緑の変化する風景"を楽しめるように、植栽や施設整備を行う。調整・調節池に至るアプローチは限定的とし、外柵からの入り口には、「調整池利用及び注意看板」を設置し、洪水時には侵入口を閉じられる措置をとる。なお、1/50 ライン内の範囲の植栽設計は、水位の上下が著しいので、「河川等の植栽基準」を踏まえ、樹種の選定に配慮する必要がある。

図-8　調整池の公園利用の計画事例（住都公団のまちづくり技術体系・オープンスペース編,住宅・都市整備公団都市開発事業部）

4. せせらぎ計画

せせらぎ計画の立案

　本稿で取り上げる「せせらぎ」とは、河川や下水道計画には含まれない浅い瀬や小さな流れをいう。都市のうるおいや修景、あるいは親水を目的として、降水量の季節変化によって水量を大きく変動させないように調整した都市内の水系ネットワークを「せせらぎ計画」と定義する。こうしたせせらぎ計画は、公園緑地や道路のネットワーク計画と一体的に立案されないと都市内に水系ネットワークを成立させることは不可能である。

　せせらぎ計画の立案にあたっては、せせらぎ水路断面の決定がまず重要である。水路断面の決定には、せせらぎ水路が整備される用地の用途、求められる水景スケール、水源の水量、せせらぎ水路が受ける流域面積等を総合的に勘案して決定する。

写真-28　せせらぎ水路の事例1

写真-29　せせらぎ水路の事例2

洪水時水深 20cm　　最大水深 30cm

平常時の安定水深は、せせらぎ水路に供給できる水量により決める
せせらぎ水路の流速は0.5m／sを超えないことが望ましい

図-9　せせらぎ断面の基本構造

写真-30　せせらぎ水路の事例3

写真-27
伝統的街並みに
残る水路

都市に上下水道が整備されるまでは、日本の城下町や宿場町には、利水目的の水路網が整備されていた。この水路網の整備技術を現代の「うるおいのある街づくり」に生かしたい。

写真-31
せせらぎ水路の事例4

せせらぎ計画の技術的な検討

　都市内において、自然の導水で流下させ、降水量に左右されなく安定的水量を流すというせせらぎ計画を実現するためには、水利的な検討が必要である。その技術的な検討の主要な項目は、①水源の確保方策、②せせらぎ縦断の検討、③洪水時の排水方策が主たるものである。また、都市内を縦断するスケールのせせらぎ計画では、下水道計画との整合性を計っておく必要がある。

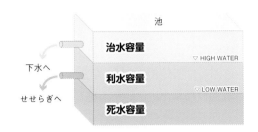

図-10　水源確保の方策検討（上流でのため池利用）

写真-32　オリフィスの事例

洪水時の大雨により、せせらぎ水路への流入量が水路の流下能力を超えた場合は、流下能力以上の水量を分水堰（オリフィス）を通じて公共下水道へ落とすようにする。このオリフィスが自動的に機能する構造となるように、デザインも含めた設計上の工夫が必要である。

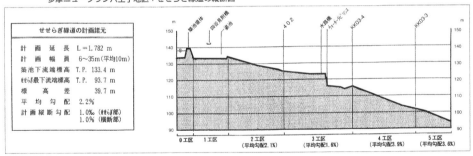

都市を縦断するせせらぎ計画には、せせらぎ水路ルートと水路縦断の検討が不可欠である。地形の高低差や道路の立体交差等の障害を解決するために、部分的には、暗渠による対応、サイフォン構造処理、及び水道橋構造の橋梁処理等の検討も必要となる。

図-11　せせらぎ縦断の検討（多摩ニュータウン八王子地区・せせらぎ緑道の検討図）
（住都公団のまちづくり技術体系・オープンスペース編,住宅・都市整備公団都市開発事業部）

1. 道の和の景観

道の和の景観構造

　日本の道路景観を考えるに当たっては、「和の景観構造」を認識しておく必要がある。近世に整備された日本の城下町では、武家屋敷や町屋の街並みにおいては、道路には街路樹はなく、武家屋敷や町屋の敷地から道路にはみだした緑が道路における緑空間を形成していた。近代都市の高層ビルが立ち並ぶ都心部においては、道路に街路樹を設置することが都市景観として不可欠である。しかし、伝統的建築物が並ぶ城下町等の現代の道路拡幅においても、道路工事で街路樹が整備されている。このことにより、低層建築の街並みにおいて、道路沿道の建築を阻み、道路前方の景観の見通しも悪くしているという、近代道路整備と和の景観のミスマッチの事例が全国各地で発生している。

緑は道路内ではなく、屋敷から道路に出ている

土壁か板壁がある

腰積がある

水路が流れている

図-12　和の道の景観構造

写真-33　角館(秋田県)の武家屋敷

武家屋敷の敷地から、ケヤキやサクラの大木が板塀越しに道路にはみ出し、独特の城下町情感を演出している。

写真-35　近江八幡(滋賀県)の武家屋敷

武家屋敷の敷地から板塀越し道路に出ているマツは、いわゆる"見越しの松"である。

写真-34　杵築(大分県)の武家屋敷

武家屋敷の塀は土壁で、緑はクスノキであり、敷地から顔を出すバショウが南国らしい城下町景観となっている。

写真-36　日田・豆田町(大分県)の町屋

町屋では、塀はなくなり、建物の表情や敷地内の緑が道路にはみ出す。

2．歩行者専用道路の計画

快適な歩行空間計画

　ニュータウン等の事業で、歩行者専用道路等の歩行者空間ネットワークを形成する時には、単調な歩行空間の連続を避ける必要がある。歩行空間計画立案のポイントは、①人間の歩行スケール感への理解、②人間の視覚の特性への理解が必要である。

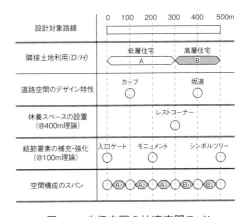

図-13　横浜・港北ニュータウンにおける歩行者専用道の計画事例（歩行者専用道10号線一部）

　横浜・港北ニュータウンの歩行者専用道は、"折れ曲がり"や"すみ違い"などの計画技法を用いて単調さを回避し、空間的変化を生みだすように道路線形が計画されている。また、縦断方向には、スロープや、車道との立体交差に伴う橋梁やカルバートが出現し、立体的な変化も演出されている。

歩行空間の快適空間スパン

　道路の歩行空間のデザインは、人の歩くスケールで変化していく空間をどう構成していくかにある。しかし、道路延長が長い場合は、空間は漠として捉えどころがない。そこで、長い道路延長を区切る"ものさし"が必要となる。その"ものさし"としては、①約400 mの"抵抗なく歩ける距離"、②約100 mの"風景の変化を求める距離"の2つのスケール設定が考えられる。

	0　　100　　200　　300　　400　　500m
設計対象路線	
隣接土地利用(D/H)	低層住宅　A　／　高層住宅　B
道路空間のデザイン特性	カーブ　○　　坂道　○
休養スペースの設置 (@400m理論)	レストコーナー
結節要素の補充・強化 (@100m理論)	入口ゲート○　モニュメント○　シンボルツリー○
空間構成のスパン	○A1○A2○A3○B1○B2

図-14　歩行空間の快適空間スパン

歩行空間の空間構造を、400 m – 100 mの空間単位で分析した上で、空間構成する。

D/H：道路幅員と建物高との関係

　人が道を歩く時には、道路だけではなく、周辺の建物や前方の風景を見て歩いている。道路は平面であり、建物は立面である。この平面と立面で囲まれる空間が道路景観となる。道路空間の景観や雰囲気においては、道路幅員と建物の高さとの関係が大きく影響してくる。レオナルド・ダ・ヴィンチは、幅と高さが等しいこと、すなわち$D/H=1$であることがD/Hの理想と考えた。この$D/H=1$をひとつの理想基準として、道路と建物との空間調和を考える。

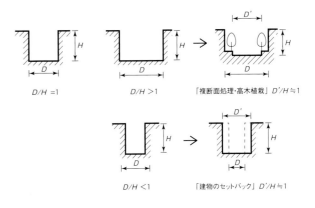

図-15　道路と沿道建物との調和

3. 歩行者空間の景観特性

歩行空間の景観特性 −前方の景観−

　道路の前面に何を据えるかは、道路の前方景観の問題だけではなく、道路を都市の基軸と設定した時の都市核としても重要となってくる。欧米の都市は、人工造形物を都市のビスタの核とするケースが多い。パリのシャンゼリゼ通りは、ビスタの起点・終点に凱旋門とコンコルド広場を設定している。これに対して、日本は、古来より山を道路正面の景観として設定して来た。これが、道路の"山あて"の手法である。日本人にとって、山は、人の視点だけではなく、人の情感も受けとめてくれる対象であった。

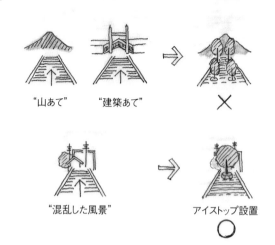

図-16　道路前方の景観

写真-37　"山あて"の歩行者専用道路
歩行者専用道路内に樹木等を植栽せず、全面の山を見せることで、安らかな道路空間を生み出している。

写真-39　"建物あて"の道路
ロンドンのリーゼント通りでは、優れた建築物をビスタとしている。

写真-38　"タワーあて"の歩行者専用道路
歩行者専用道路の軸線をタワーに当てて、都市的な景観を創り出している。

写真-40　歩行空間としては単調な道路
前方の景観が良好ではなく、直線で長い道路は、歩行者にとって最も辛い空間である。住宅地内道路としては、車がスピードを出しやすいために、交通安全上にも課題がある。

歩行空間の景観特性 －折れ曲がり－

　歩行者にとっては、直線で連続する空間を歩き続けることは精神的な苦痛となる。道路線形が適当に曲がっていることは、歩行空間特性としては必要である。また、道路の前方をあえて消し去ることは、道路に奥行きを与える。こうした、見えない空間を想像させながら人を誘導することは、人の情感を喚起する。

図-17　道路の折れ曲がり

写真-41　"折れ曲がり"の園路面

京都・銀閣寺の正面アプローチの園路は、90度に線形が折れ曲がっている。

写真-42　カーブした園路

前方が見通せない公園の中の園路は、歩く人に新しい風景の展開を期待させる。

歩行空間の景観特性 －坂道の情感－

　適当な勾配の下り坂は、人の歩行にとっては最も快適な歩行空間である。また、坂道は人の視界が前方に大きく広がるために、都市の景観ポイントとして重要な位置にある。坂道は道路空間の変化点なので、歩行者空間においては特別な位置づけにある。このため、坂道は、古来から"富士見坂"や"潮見坂"といったように名が付けられ、詩歌にも謡われてきた。景観の接点となる坂道とその周辺には、十分なデザイン配慮が必要である。

写真-43　坂道（上り坂）

上り坂は、路面等の風景を歩行者視線が全面的に受けとめるために、路面の舗装デザインや、周辺の景観処理には十分な配慮が必要である。

写真-44　坂道（下り坂）

坂道は周辺の風景を俯瞰し、都市の中では"都市の視座"となる。

4. 道路の街路樹計画

道路の街路樹

　道路の街路樹は、①人工的な都市に四季の変化を演出する、②夏期に日射しを遮る緑陰を歩行者に与える、③様々な形態・色彩の建築物が建ち並ぶ都市の沿道景観に、緑の帯が加わることで統一的な都市景観を演出する、④ハードな都市環境の中で生物の生息を良好にし微気象を改善する等の役割を果たす。こうした意味では、道路に街路樹を整備することは、道路が都市の動脈だけではなく、"都市の静脈"としての意味を持つこととなる。さらに、東京の表参道や仙台の青葉通りに代表される"ケヤキ並木"や、大阪御堂筋の"イチョウ並木"のように、採用される樹種によっては、街路樹木がその街路や地域、さらには都市の個性をも性格づけることができるのである。

写真-45　緑陰を確保する街路樹

写真-46　都市景観に欠かせない街路樹

落葉樹の街路樹

写真-47　ケヤキの街路樹

写真-48　シンジュの街路樹

写真-49　スズカケノキの街路樹

写真-50　シダレヤナギの街路樹

写真-51　トチノキの街路樹

常緑樹の街路樹

写真-52　クロガネモチの街路樹

街路樹の樹種リスト

落葉樹	トチノキ、シンジュ、アオギリ、アキニレ、エノキ、サワグルミ、シダレヤナギ、トネリコ等
（花木）	サクラ類、ハナミズキ、エンジュ、コブシ、ハクモクレン、ナツツバキ、ニセアカシア、ハクウンボク、ヤマボウシ、サルスベリ、エゴノキ等
（紅葉木）	トウカエデ、ナンキンハゼ、ハナミズキ、モミジバフウ、タイワンフウ、ハナノキ、イロハモミジ等
（黄葉木）	ケヤキ、イチョウ、ユリノキ、スズカケノキ、カツラ、ポプラ、イタヤカエデ、ハウチワカエデ等
（実のなる木）	ナナカマド、カリン、アンズ等
常緑樹	クスノキ、シラカシ、アラカシ、スダジイ、マテバシイ、タブノキ等
（花木）	タイサンボク等
（実のなる木）	クロガネモチ、ヤマモモ等
針葉樹	メタセコイア、ラクウショウ、ヒマラヤスギ等
ヤシ類	カナリーヤシ、フェニックス等

針葉樹の街路樹

写真-53　ラクウショウの街路樹

ヤシ類の街路樹

写真-54　カナリーヤシの街路樹

花を楽しむ街路樹

写真-55　サクラの街路樹

写真-56　ハナミズキ（白）の街路樹

紅葉を楽しむ街路樹

写真-57　イチョウ（紅葉）の街路樹

5. 都市の街路樹計画のシナリオ

道路の街路樹計画

　街路は都市の骨格であり、その街路景観を特色づける重要要素としての街路樹の存在は大きい。少しずつ、時代とともに拡大してきた都市では、都市全体の街路樹計画のシナリオを持つことは困難である。

　これに対して、ニュータウン等の計画的な新市街地では、当初から都市全体の街路樹計画のシナリオを持って街路整備を行ってきた。UR 施行のニュータウン整備の街路樹整備を事例として解説する。

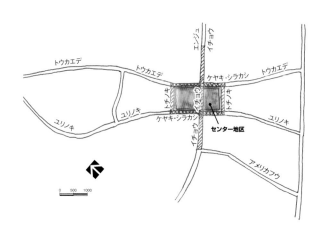

図-18　筑波学園都市の街路樹計画：
郷土種を核とした田園風景との調和

地域の屋敷林を構成している樹林のケヤキ・シラカシの郷土種を街路樹として採用し、センター地区には、都市性を表現するために、大木となるケヤキ・トチノキを選定している。

図-20　千葉ニュータウン（センター地区）の街路樹計画：
常緑樹を核とした紅葉樹計画

センター地区は大木となるクスノキで構成し、ニュータウン軸の鉄道沿いの幹線道路には、同じ常緑樹であるシラカシを採用し、周辺街路は季節感を演出する紅葉樹としている。

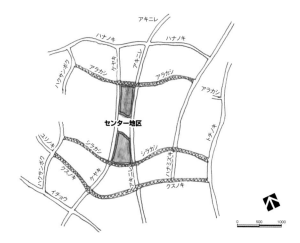

図-19　横浜・港北ニュータウンの街路樹計画：
東西軸・南北軸の明確化

ニュータウンの均一な街路風景を補うために、東西軸に常緑樹、南北軸を落葉樹とし、ニュータウンの東西と南北方向を明確にしている。

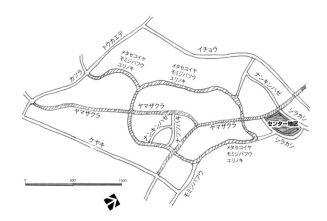

図-21　多摩ニュータウン（八王子市域）の街路樹計画：
ヤマザクラを基軸とした紅葉樹計画

地区を中央を貫く幹線道路をヤマザクラとし、地区内ループ道路をメタセコイア・モミジバフウ・ユリノキの混植とし、周辺街路は紅葉樹を基本としている。

Ⅲ　設計編

ツリバナ

1. 日本の四季の演出

日本の四季

　和のランドスケープにおける最大の表現手段は、「日本の四季の豊かさを植物変化で表現する」といっても過言ではない。春に"一斉に開花するサクラ風景"や、秋の"紅葉の美しさ"を、植栽材料を用いて空間演出することは、建築や土木空間では全く成しえないことである。和のランドスケープデザインでは、"季節の変遷"を最大のデザイン要素として考えるべきである。

　落葉樹の開花や紅葉の美しさは、常緑樹をバックにするとその美しさをより強調できる。四季の変化を開花期と、高木・中木・低木そして草本をも組み合わせて植栽デザインすることが可能なのは、日本には、豊かな自然で育まれている多彩な植物材料が存在するからこそである。

八季による四季演出

　「四季の変化」と言われるが、日本のデリケートな自然変化は、春・夏・秋・冬だけの四季の季節表現だけでは大まかすぎる。しかし、歳時記の「二十四節気」まで細かく区分すると、植物を時間デザイン材料として使うには、煩雑すぎる。よって、樹木の開花時期を、"早春・春・若夏・梅雨・夏・秋・紅葉期・冬"の「八季」に区分して、この「八季」ごとのグループの植物材料を使い分けて植栽設計することが現実的だと考えられる。この「八季」の考え方は以下の区分による。

早春の花	サクラの開花前に開花する樹木群
春の花	サクラ開花後の開花樹木群
若夏の花	5月の新緑が出揃った頃に開花する樹木群
梅雨の花	梅雨どきに開花する樹木群
夏の花	梅雨明け後の夏の開花樹木群
秋の花	秋に開花する樹木群
紅葉木	紅葉の美しい樹木群
冬の花	冬場に開花するか、冬に実の美しい樹木群

写真-1　サクラの落花
サクラの開花後に、花が落下した地表面には、桜花の絨毯道が演出される。

写真-2　イチョウの落葉
イチョウの落葉は、一面を黄色の世界に染める。

写真-4　針葉樹を背景としたサクラの開花
濃い緑を背景とした、サクラの開花には独特の美しさがある。

写真-3　常緑樹を背景としたモミジの紅葉
群をなす紅葉の美しさも良いが、常緑樹を背景とした紅葉単木の美しさも独特である。

写真-5　常緑樹を背景としたコブシの開花
白いコブシの花も、常緑樹を背景とすると、その無彩色の美しさが際立つ。

2. 緑と土のランドスケープ

緑と土による景観

　裸地に早期に森を創ることが目的ならば、人的管理が入らない森をモデルとした、植物生態学的手法による、高木・中木・低木で樹種構成された植栽方法が採用される。しかし、都市の公園や緑地の植栽帯では、こうした植栽方法は、見通しが悪く、暗い森や林の空間を創ることとなる。樹形の美しさを見せ、また、地面の起伏の美しさを緑と一体的に表現することを目的とするならば、低木の植栽を控え、高木中心の植栽デザインを心がけることが必要である。

高木構成による地表のラウンディングを　　高木・中木・低木の樹木構成による
見せる植栽方法　　　　　　　　　　　　　植物生態学的植栽方法

図-1　高・中・低木の樹木構成による植栽パターン

写真-6　日本庭園での地表面
伝統的な日本庭園の植栽空間は、地表面を苔等で覆い、地面の起伏の美しさを表現している。

写真-8　土塁と緑の組み合わせ
土塁と緑の組み合わせで柔らかい立体面も表現できる。

写真-7　土盛りによる空間区分
公園と道路の空間区分は、フェンス等の構造物ではなく、土盛りで空間区分が可能である。

写真-9　空堀による空間変化
土は掘り下げることで、独特の空間変化が演出できる。

3. 樹種選定のヒエラルキー

樹木選定の序列

特定の樹木のみを単木や群で使用することで、建築空間や地区空間をより特色づけたり、空間特性を強調することができる。

シンボルツリー
特色のある高木や大木を単木使用することで、地区空間や建築空間をより特徴づける樹木

キャラクタープラント
特色のある単樹種を群で使用することで、建築空間や地区空間をより特徴づける樹木

シンボルツリー

写真-10
シンボルツリー事例1
（クスノキ）

写真-11
シンボルツリー事例2
（ネムノキ）

キャラクタープラント・高木

写真-12　キャラクタープラント事例1
（住宅街とフサアカシア）

写真-13　キャラクタープラント事例2
（繁華街とベニバナトチノキ）

写真-14　キャラクタープラント事例3
（ホテルとサルスベリ）

写真-15　キャラクタープラント事例4
（建物とラクウショウ）

キャラクタープラント・高木

写真-16　キャラクタープラント事例5（洋風建物とトチノキ）

写真-17　キャラクタープラント事例7（寺院とクスノキ）

キャラクタープラント・低木

写真-18　キャラクタープラント事例6（寺院とソテツ）

写真-19 キャラクタープラント事例8（山の上の寺院とアジサイ）

4. 草花のランドスケープ

草花の植栽空間

　草花を用いる植栽空間の表現は、よりデリケートな季節変化の演出となる。しかし、公共的空間の植栽設計に草花を採用することは、高温多湿の日本の気候条件下では、開花時期を考慮した雑草管理等の植栽管理計画との連動が不可欠である。

写真-20　ホテルアプローチの草花植栽事例

写真-21 ヒガンバナ（上）、ムラサキツユクサ（下）

5. 里山の整備と活用

二次林の整備

　丘陵地の開発等で保全された自然林や、自然公園を計画する場合には、自然レクリエーションに供するために、残された二次林の整備が必要である。二次林の整備内容は、①人的管理が放棄された二次林に対して、その活用目的を明確化した植生区分を行う、②管理放棄された二次林に対して、間伐を実施して明るい林を作る、③下草を刈り、明るい林床を作り、見通しの良い林とする、ことである。こうした荒れた林の整備は、自然のレクリエーション利用や、多様な生物生息地整備を目的とした「新しい里山整備」と位置づけられる。

　また、二次林内の施設整備としては、自然林内を散策できる自然通路整備や、地形の起伏を考慮した階段整備を行う必要がある。自然林内の園路整備は、間伐・下草刈りや園路の補修等の将来的な二次林管理を考慮して、最小の作業機械が通行可能な園路幅を確保しておくと、二次林管理の管理効率が良い。

① 植生管理ゾーンの明確化

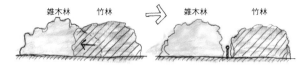

② 間伐・下草刈りによる"明るい林"への整備

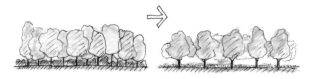

図-2　新たな里山整備

写真-24　植生区分のための柵設置

写真-22　雑木林の整備前

写真-25　竹林の整備前

写真-23　雑木林の整備後（間伐・下草刈り）

写真-26　竹林の整備後（間伐・下草刈り）

写真-27　雑木林の公園内活用

写真-29　竹林内の園路と竹柵

写真-28　雑木林内の土居木階段

写真-30　竹林内の石畳

6.　二次林内の子どもの遊び場

　二次林内では、子どもの遊びを誘発するような遊具的施設整備を行う。二次林内の遊具は、都市公園内における　ブランコ的な遊具ではなく、自然条件下におけるシンプルで野趣に富んだデザイン遊具を心がける。

写真-31　二次林内の遊具設置事例1

写真-32　二次林内の遊具設置事例2

1. 水際線の処理

水際線の柵をなくす

　池や河川においては、水面への落下防止のために、水際の園路沿に柵を廻す事例が多い。人間の視線は、見上げるよりも、見下げることのほうが自然である。このために、水際に設置される事例が多い約1.2mの高さの柵は、水面への視線方向を妨げ、水景観を阻む原因となる。園路と水面との間に大きな落差がある場合を除いては、この水際柵の設置は極力止めることが望ましい。しかし、児童等が水面に落下した場合を想定し、水辺の安全処理には設計上の工夫が必要である。

図-3　水面への視距を確保する空間整備

写真-33　水辺の安全処理の事例1
水際の園路と水面との間に、園路より一段低い狭い園路を設置した事例。

写真-34　水辺の安全処理の事例2
護岸沿いの水面を玉石で固めた事例。水中での多孔質空間を創り出し、生物生息上にも良い配慮である。

写真-35　水辺の安全処理の事例3
護岸近くに、水中柵と水深表示により安全対策をしている事例。

2. 水空間での子どもの遊び場

子どもの水遊び場

　夏季に、水辺は子どもたちにとって魅力的な空間となる。水は子どもたちの友達である。公園等の浅い池においては、子どもの水遊び場として設計想定をしていなくても、夏季に子どもたちが入り込み、水遊び利用されることが多い。そこで、このことをあらかじめ予測し、池や流れの水深や護岸のエッジ処理、水底の滑り防止、水質の確保等について設計上配慮をしておく必要がある。

写真-37　森の中の水遊び場
自然公園内で人工の流れの中に設置された、子どもたちの水遊び場。

写真-36　公園の中の水遊び場
公園の中で修景池と同時に、夏場には子どもたちの親水施設としても設計された事例。

写真-38　自然の渓谷の水遊び場
小さい河川をせきとめて、子どもの水遊び場に整備した事例。

3. 水空間のデザイン

水のデザイン

　水は自然に流れをつくり、多少の障害物による変化でも、自由自在に多彩な動きを見せる。この水の流動性や、水が発生させる音を含めて、水の動きを積極的に空間デザインすべきである。

水を落とす

写真-39　滝落し

写真-40　1段落し

写真-41　段々落し

水を溜める

写真-42　雨水溜まり

写真-43　池溜まり

水を渡る

写真-44　飛石渡り

写真-45　小橋渡り

4. レインスケープ

レインスケープ

　日本は雨の国である。東京の年平均降水量は、パリやロンドンの降水量の3倍近くある。このため、建築施設に限らず、日本の屋外施設においても、"雨仕舞"の雨水排水施設が欠かせない。この日本の自然現象を、ランドスケープの大きなデザイン要素として捉えるべきである。雨が上がった晴れの日にも、雨の痕跡が残り、雨の風情が残るデザインを心掛けるのは、ランドスケープデザインとしての奥行きの深さが感じられる。屋外の側溝を蓋掛けとし、側溝の水を下水管につないで落としてしまうと、雨の流れが見えなくなる。公園等においては、側溝はオープンにして、流れる雨水もデザインの対象とすべきである。また、側溝や雨落ちは、晴れた日にも見せるデザインを心がける必要がある。

**写真-46
雨上がりの情感**

雨が上がっても、雨は側溝に一筋の流れを残している。

写真-47　雨上がりの情感

雨上がりに、木立から落ちる雨垂れは水面に波紋を生じて、雨の風情の情感を残す。

写真-48　雨落し

雨が降った日のみに、小さな滝落しとなるオープンな雨落し。立管で繋ぐ雨水処理では、雨水は見えなくなる。

写真-49　側溝のデザイン

路面の水を受ける側溝は、雨の日以外は無用な施設であるが、延長のある施設なので、側溝にもデザイン配慮をする。石張り側溝では、雨の日に濡れた自然石はその表情を変える。

写真-50　雨落しのデザイン

雨水が落ちる自然現象と、人工造形物とが一体となるように、雨落しをデザインする。

1. 道の植栽空間構成

歩行者空間の植栽設計

　道路空間に緑陰を確保し季節感を演出する目的から、道空間における植栽設計は重要である。しかし、必要以上に道路空間に緑量を増やしたり、歩行者専用道路の真ん中に高木を配置したりすると、道空間を狭苦しく感じさせる。"連続するオープンスペースによる開放感"という道空間の空間特性を、損なわないように植栽設計する必要がある。

図-4　沿道への視距を確保する空間整備

写真-51　高木の足元に芝生植栽した事例（車道）

車道においても、狭い歩道の植栽帯や中央分離帯は、車の見通しを良くするために、高木の足元はすっきりとした処理とする。

写真-52　高木の足元に低木植栽した事例

街路樹の足元に低木を連続させることは、沿道への視界を妨げ、歩行者の視点は前方のみとなる。このために、道空間が狭く感じ、歩行者専用道路が閉鎖的空間となっている。

写真-53　高木の足元に芝生植栽した事例（歩行者専用道路）

道から沿道空間が見通せるために、緑と一体となった道の開放的な空間が演出されている。

2. 道路付帯施設のデザイン

車止めや街路灯のデザイン

　道路には、街路灯や車止め、さらにはベンチやモニュメント等の小構造物が設置される。こうした道路付帯施設は、歩行者のスケール感と、その施設の設置のされ方を考慮して、デザインする必要がある。

写真-55　街路灯

街路灯は単体のデザイン性と同時に、連続設置しても耐えられるデザインに配慮する。照明灯という機能により、設置間距離は予測できる。

写真-54　モニュメント（彫刻）

道路に設置される彫刻等のモニュメントは、人の視線より低い高さに抑えたほうが、落ち着いた雰囲気を演出できる。

写真-56　歩行者専用道路の街路灯

歩行者専用道路の街路灯として、高さが低く抑えられ、連続設置しても耐えられるシンプルなデザインとなっている。

写真-57　車止め1

車止めも連続して設置されるために、単体のデザインと同時に、連続設置しても耐えられるデザインに配慮する。

写真-58　車止め2

横浜・港北ニュータウンにおいて、コミュニティ道路整備のためにデザイン開発された車止め。夜間に車のヘッドランプに反射するように、頭部にキャッツアイが埋め込まれている。

3. ペーブメント効果

舗装の設計

　道空間において、舗装設計は最も重要である。舗装材の選択により、その道空間の雰囲気を決定的にする。また、街全体に統一した舗装材を使用することで、その街全体のイメージをも決める可能性を秘めている。道路の沿道は、様々な建築形態や色彩にあふれている。このため、道空間の舗装は、「受け入れる空間」として位置づけ、舗装材自体が自己主張するデザインは避ける。舗装色彩もアースカラー（大地の色）を念頭に置き、赤色や黄色等の原色色彩の採用は極力控えるべきである。

　また、色彩を持つ舗装材は、経年変化による色彩劣化も考慮した上で選択する必要がある。

写真-59　建物と路面の色彩関係1

地方都市の伝統的建築物が建ち並ぶ街並みで、花崗岩石舗装の白系色彩は、土塀の色彩とは違和感がある。

写真-61　アスファルト舗装との対比1

港北ニュータウンにおけるコミュニティ道路（歩行者融合道路）の入口部分に敷設された花崗岩小舗石舗装。アスファルトの黒と花崗岩の白との色彩対比、及び小舗石舗装による車のタイヤへの振動によって、普通の道路と異なることを運転者に感じさせるハンプ効果を意図している。

写真-60　建物と路面の色彩関係2

マンガン色のインターロッキング舗装で、建物外壁に対して壁と床の関係の色をイメージして、舗装材が選択されている。

写真-62　アスファルト舗装との対比2

地方都市の伝統的建築物が建ち並ぶ街並みで、歩道拡幅が狭いために、車道の路肩部に花崗岩自然石舗装を追加した事例。アスファルトの黒と色彩対比させることで、観光地における歩行者の保護と、車の減速効果を意図している。

舗装材の種類

舗装材に要求される条件には、強度・耐久性・歩行性・環境特性・施工性・維持補修性及び経済性が挙げられる。このために、用いられる舗装材料は以下のような区分と特性に分けられる。

- ・アスファルト系　　・ブロック系
- ・コンクリート系　　・タイル系
- ・平板系　　　　　　・自然石系

また、舗装材はその張りパターンで、道路の性格づけや路面表情を変化させることも可能である。

写真-65　小舗石舗装のレンガ目地張り

通称はピンコロ石という石材舗装であるが、部材が小さいため、道路の勾配変化や扇張り等の模様を描き出すことができる。

写真-63　舗装材事例（白河石の芝目地舗装）

落ち着いた色調の白河石と芝生を組み合わせた、横浜・港北ニュータウンの公園・緑道のために開発された自然風の舗装形態。芝目地の除草という維持管理が必要となる。

写真-66　洗い出し平板の市松目地張り

平板系は、歩行者空間では路盤の上に砂下地で敷設するため、歩行上の快適性が確保できる。また、舗装の敷設替え時にも舗装材の再利用が可能である。

写真-64　舗装材事例（土舗装）

自然風の景観演出のために、クラッシャーランに荒木田と石灰を混合し、転圧して固めた横浜・港北ニュータウンで開発された舗装形態である。縦断勾配の強い部位では採用できない。また、定期的な維持管理が必要な舗装形態である。

写真-67　レンガの張りパターン
左：煉瓦目地　　中央：市松目地　　右：網代目地

増田元邦 （ますだ・よしくに）

　大分県日田市に生まれる。大阪府立大学大学院農学研究科（造園学専攻）修士課程修了。

　株式会社竹中工務店入社を経て、1982年に住宅・都市整備公団（現UR）に入社。首都圏の大規模ニュータウン業務や都内の土地有効利用事業に従事。船橋市役所、（財）日本緑化センター、（株）URリンケージに出向。2005年にUR九州支社に異動し、地方都市の中心市街地活性化事業に従事。

　2010年に増田技術士事務所創設。

　技術士（都市及び地方計画）。福岡市在住。

写真提供 （敬称略）

　（株）リブアソシエーツ：Ⅱ 写真-1　　若林芳樹：Ⅱ 写真-48, 49, 51, 52, 57
増田元邦：上記以外

和のランドスケープ・プランニング
－ 日本の美しい街なみ創造 －

定価　本体1,000円＋税

平成26年1月31日　初版
著　者　　　増田元邦
発行人　　　篠田和久
発　行　　　一般財団法人日本緑化センター
　　　　　　〒107-0052　東京都港区赤坂1-9-13　三会堂ビル
　　　　　　電話番号 03-3585-3561　FAX 03-3582-7714
　　　　　　http://www.jpgreen.or.jp/

ISBN　978-4-931085-53-4